欢迎来到怪兽学园

________同学，开启你的探索之旅吧！

献给亲爱的衡衡和柔柔，以及所有喜欢数学的小朋友。

——李在励

献给我的女儿豆豆和暄暄，以及一起努力的孩子们！

——郭汝荣

图书在版编目（CIP）数据

超级数学课. 6, 下午茶时间到！/ 李在励著；郭汝荣绘. —北京：北京科学技术出版社，2023.12
（怪兽学园）
ISBN 978-7-5714-3349-9

Ⅰ. ①超… Ⅱ. ①李… ②郭… Ⅲ. ①数学－少儿读物 Ⅳ. ① O1-49

中国国家版本馆 CIP 数据核字（2023）第 211742 号

策划编辑：吕梁玉
责任编辑：金可砺
封面设计：天露霖文化
图文制作：杨严严
责任印制：李　茗
出 版 人：曾庆宇
出版发行：北京科学技术出版社
社　　址：北京西直门南大街 16 号
邮政编码：100035
ISBN 978-7-5714-3349-9

电　　话：0086-10-66135495（总编室）
0086-10-66113227（发行部）
网　　址：www.bkydw.cn
印　　刷：北京利丰雅高长城印刷有限公司
开　　本：720 mm × 980 mm　1/16
字　　数：25 千字
印　　张：2
版　　次：2023 年 12 月第 1 版
印　　次：2023 年 12 月第 1 次印刷

定　　价：200.00 元（全 10 册）

6 下午茶时间到！

圆周问题

李在励◎著　郭汝荣◎绘

北京科学技术出版社
100 层 童 书 馆

暑假的一天，阿麦和阿思一起在阿思家玩“怪兽大闯关”游戏，他们玩得非常开心。下午茶时间到了，阿思的妈妈为两个小怪兽精心准备了比萨、巧克力派和橙子。

阿思盯着这些食物，有了一个新发现，他问阿麦：“这些食物有一个共同的特点，你知道是什么吗？”

嗯，都很好吃。
你这个贪吃鬼，我指的是它们的形状。

阿麦又看了一眼这几种食物，拍了一下脑袋说：“我知道啦，它们的形状都是圆的！”

“你说对啦！”阿思说，“我最近正在学习关于圆的数学知识，圆真是一种奇妙的形状。”

圆到底奇妙在哪里呢?

阿麦认真看了一会儿说："它们一样长，对吗？"

半径：连接圆心和圆周上任意一点的线段。

圆心：圆的中心；与圆周上的各点距离都相等，且与圆在同一平面的点。

阿麦想了想，一边拿起叉子在比萨上比画起来，一边喃喃自语：“这里可以有一条，那里也可以有一条，还有对面也可以有一条……哎呀，数不清了！”

“你说数不清，圆的半径就是数不清啊，每一个圆都有无数条半径，而所有半径的长度都是一样的。”阿思解释说。

阿麦非常开心，得意地说：“我真是个天才！不过你刚才提到了半径，那是不是还有全径？”

“这次你只说对了一半，”阿思说，“再看看比萨，你猜我妈妈切了几刀？”

阿麦挠了挠头，又看了看比萨说："我知道了，只切了3刀！因为通过比萨的中心相连的两条切分线只需要切一刀。这6条切分线两两相连分成3组，所以只需要切3刀。"

阿思说："你说的对，我妈妈每切一刀都经过了比萨的中心，切了 3 刀正好把比萨平均分成了 6 块。不过，这样相对的两条半径组成的线段不是叫全径，而是叫直径。"

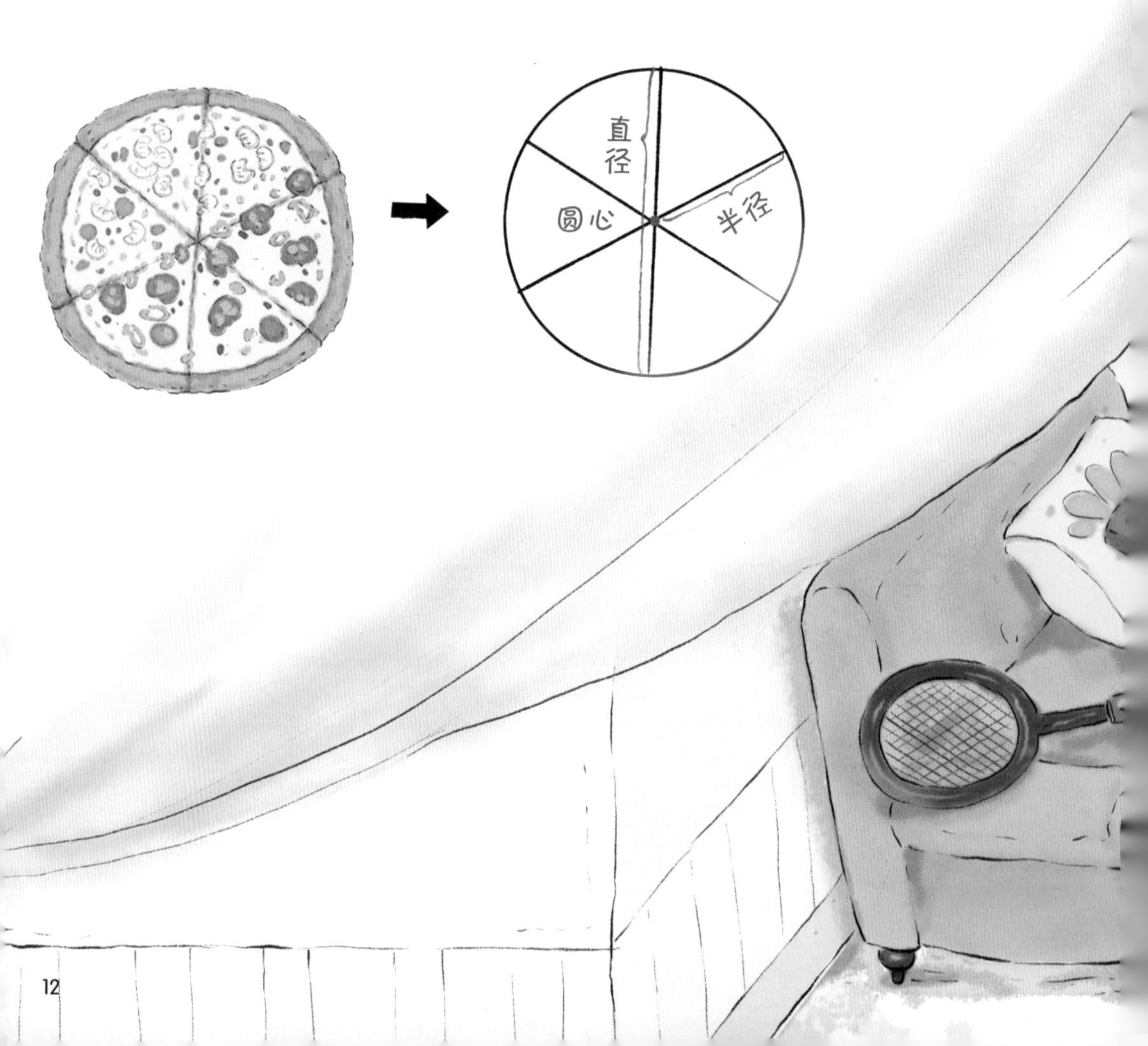

我这样的天才也有失误的时候，只猜对了一半。说了这么多我都饿了，我可以先吃一块比萨吗？

阿思拿起番茄酱说：“别着急，我还没告诉你圆最奇妙的地方呢，等我加一点儿番茄酱你再吃吧。”

阿思用番茄酱把 6 条半径涂了一遍，又把这 6 条半径在圆周上的端点依次用线连起来，画出了一个正六边形。

阿麦看着阿思用番茄酱涂的图案说："圆的奇妙之处是什么我不知道，不过我知道比萨的奇妙之处就是抹了番茄酱之后更好吃！"

阿思说："数学家们把圆一周的长度称为圆的周长。他们一直很想知道圆的周长和直径有什么关系，而这个图案就是突破口！"

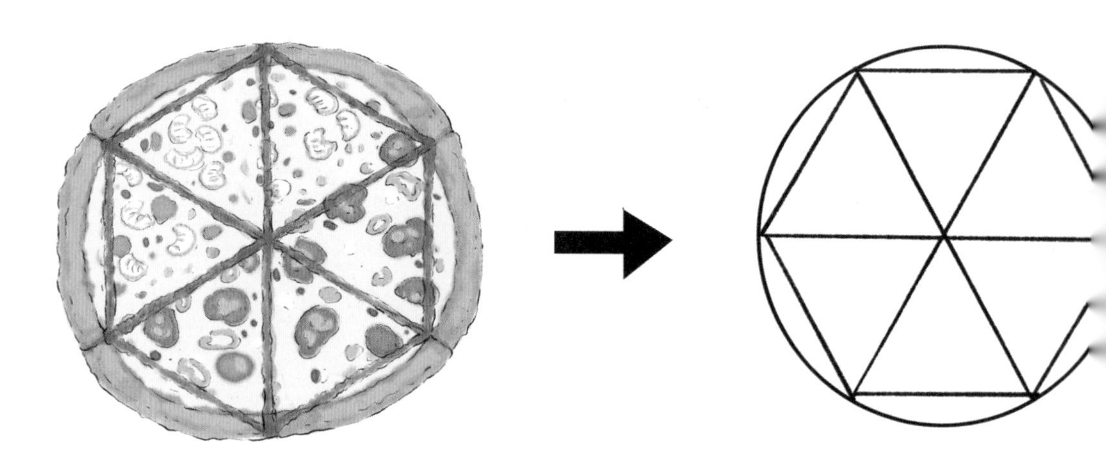

"6 条半径把正六边形分成了 6 个正三角形，所以这 6 个三角形的每条边都一样长。"

直径＝1＝
假如这张比萨的直径为1，你知道这个正六边形的周长是多少吗？

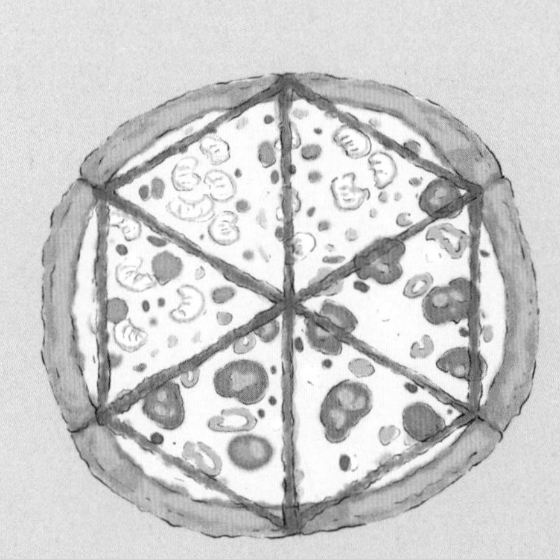

直径 $d = r + r$

正六边形周长 = $r+r+r+r+r+$

$\vee \quad \vee \quad \vee$

$d \quad d \quad d$

正六边形周长 = 3 条直径的长

让我好好想想，正六边形的边和圆的半径一样长，那么它的两条边的长度就等于一条直径的长度，6 条边两两一组可以分为 3 组，也就是说这个正六边形的周长与 3 条直径的长度相等，对吧？

阿思鼓鼓掌说："太对了，你想的和数学家们想的一样！因为圆的周长肯定比它里面的正六边形的周长要大一点儿。很多年以前，一位著名的数学家就是用这样的思路证明圆的周长是直径的 3 倍多一点儿。"

阿麦非常得意，开心地在原地转了个圈，但他马上有了新的疑问："3 倍多一点儿，到底多多少呢？"

阿思说："要想把这个问题说清楚，今天就吃不上比萨啦，咱们还是一边吃一边说吧。"

阿麦和阿思各拿了一块比萨，开心地吃起来。

数学家研究了圆内的正六边形后，又把圆周平均分成了12份，画了正十二边形。

我知道，就是把比萨切成大小一样的12块，再连接半径在圆周上的端点嘛。

这个正十二边形的周长不就比正六边形的更接近圆的周长了吗？按这个思路，不断让正多边形的边数翻倍，正多边形的边数越多，它的周长就越接近圆的周长了。

那数学家最后算出来圆的周长具体是直径的多少倍了吗？

可以说算出来了，也可以说没算出来，因为圆的周长除以直径的结果实在太特别了，数学家称它为圆周率。数学家们先算到了3.14，然后发现它并不准确，继续往后算，确定它在3.1415926和3.1415927之间，再往下算发现它是一个无限不循环小数，就给它起了个名字叫π。

阿麦端着巧克力派说：“是这个派吗？”

“你这个大吃货，是希腊字母π啦！”阿思敲了一下阿麦的头。

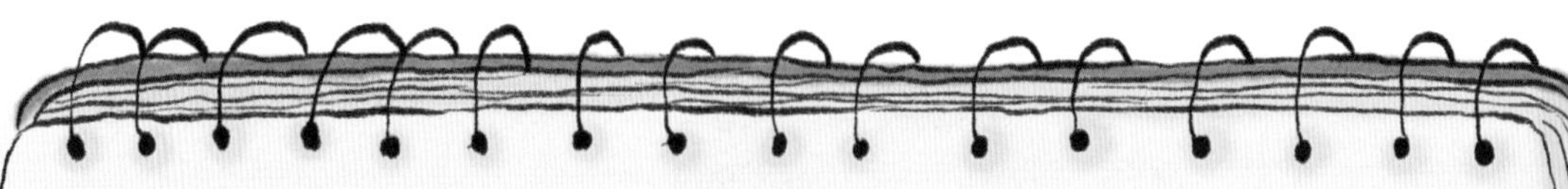

3. 1415926535 8979323846 2643383279 5028841971 6939937510

5820974944 5923078164 0628620899 8628034825 3421170679

8214808651 3282306647 0938446095 5058223172 5359408128

4811174502 8410270193 8521105559 6446229489 5493038196

4428810975 6659334461 2847564823 3786783165 2712019091

4564856692 3460348610 4543266482 1339360726 0249141273

7245870066 0631558817 4881520920 9628292540 9171536436

7892590360 0113305305 4882046652 1384146951 9415116094

3305727036 5759591953 0921861173 8193261179 3105118548

0744623799 6274956735 1885752724 8912279381 8301194912

9833673362 4406566430 8602139494 6395224737 1907021798

6094370277 0539217176 2931767523 8467481846 7669405132

0005681271 4526356082 7785771342 7577896091 7363717872

1468440901 2249534301 4654958537 1050792279 6 2589235

4201995611 2129021960 8640344181 598136 960

51 99999837 2978049951 05973 859

50 9083026 4252230825 1881

71 8752886 5875332083 8142 93

59 873 1159562863 ……

3.14 圆周率日
数学家们和数学爱好者们太喜欢研究圆周率了，因为它的近似值是3.14，所以人们把每年的3月14日定为圆周率日，在这一天还会聚会庆祝。
，那我们也吃巧克力派来为今天的发现庆祝吧。

补充阅读

圆是小学数学中要学习的唯一曲边图形，圆周率也是孩子们最早接触到的无理数。圆周率是圆的周长和直径的比值，用希腊字母π表示。

从古至今，数学家们对它研究颇多。古巴比伦人和古埃及人很早就提出了圆周率的概念，古希腊著名数学家阿基米德用单位圆的内接正六边形求出圆周率的下限是 3。

我国古代的数理天文学著作《周髀算经》中有“径一而周三”的记载，意思是如果圆的直径为 1，那么周长为 3。

我国魏晋时期的数学家刘徽用“割圆术”计算圆周率。他先从圆内接正六边形算起，逐次分割，一直算到圆内接正 192 边形，得到圆周率的近似值是 3.14 。

我国南北朝的数学家祖冲之使用“缀术”计算圆周率，可惜这种方法早已失传。据专家推测，“缀术”类似“割圆术”，祖冲之通过对圆内接正 24576 边形周长的计算，推导出圆周率在 3.1415926 和

3.1415927 之间。在之后的 800 年里，祖冲之计算出的 π 值都是最准确的。

1948 年，英国人弗格森和美国人伦奇共同发表了 π 的 808 位小数值，创造了人工计算圆周率值的最高纪录。2019 年 3 月 14 日，谷歌宣布圆周率计算到小数点后31.4万亿位。

最早使用希腊字母 π 表示圆周率的是 18 世纪的英国数学家威廉 · 琼斯。π 在希腊字母中排第 16，也是希腊语“周长”的第一个字母。数学爱好者们把每年的 3 月 14 日称为 π 日，这一天也是爱因斯坦的生日，世界很多大学的数学系和数学爱好者们会在这一天开派对庆祝。

拓展练习

1. 判断题。

（1）同一个圆中，半径都相等。（　　）

（2）在连接圆周上任意两点的线段中，直径最长。（　　）

2. 填空。

（1）时钟的分针转动一周形成的图形是________。

（2）一个圆的周长是其直径的________倍。

参考答案